AF240449

PHYSIOLOGIE HUMORISTIQUE

DE

LA GÉNÉRATION

Par PANGLOSS

Fascicule

N° 2

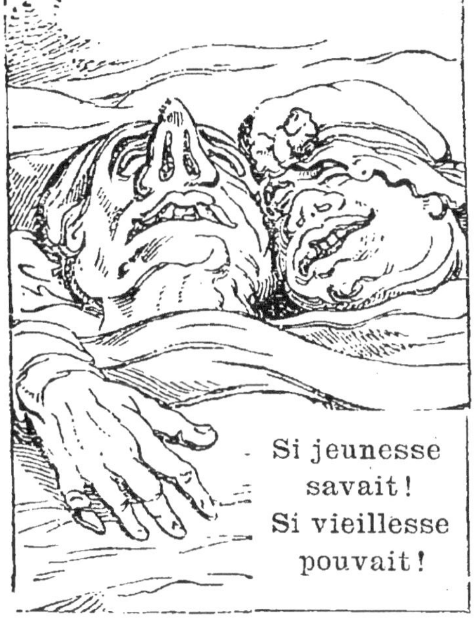

Fascicule

N° 2

« Vous me dites que vous êtes Père ; mais père de
qui, père de quoi ; père d'un garçon, père
d'une fille... Ah ! je vous reconnais bien là,
ne sachant jamais ce que vous faites. »
(Journal Amusant)

PRIX : 35 CENTIMES

A PARIS

CHEZ HURTAU, A L'ODÉON

1878

PHYSIOLOGIE HUMORISTIQUE

DE

LA GÉNÉRATION

Par PANGLOSS

—

N° 2

—

16. L'*absence* naturelle ou artificielle *(castration) des testicules,* organes générateurs des spermatozoïdes.

« Les femmes du sérail, obligées à une continence forcée, ont besoin d'avoir des gens pour les garder, qui ne peuvent être que des *eunuques;* la religion, la jalousie et la raison même ne permettent pas d'en laisser approcher d'autres...

« Mais vous, eunuques, qui êtes vous, que de vils instruments que je puis briser à ma fantaisie ; qui n'existez qu'autant que vous savez obéir ; qui n'êtes dans le monde que pour vivre sous mes lois ou pour mourir dès que je l'ordonne ; qui ne respirez qu'autant que mon bonheur, mon amour, ma jalousie même, ont besoin de votre bassesse ; et enfin, qui ne pouvez avoir d'autre partage que la soumission, d'autre âme que mes volontés, d'autre espérance que ma félicité. »

..... « Au Tonquin, dit Dampier, tous les mandarins civils et militaires sont eunuques. Dans ce pays, les eunuques ne peuvent se passer de femmes, et ils se marient. La loi qui leur permet le mariage ne peut être fondée, d'un côté, que sur la considération que l'on y a pour de pareilles gens, et de l'autre, sur le mépris qu'on y a pour les femmes. Ainsi, l'on confie à ces gens là les magistratures parce qu'ils n'ont pas de famille ; et d'un autre côté, on leur permet de se marier parce qu'ils ont des magistratures. C'est pour lors que les sens qui restent veulent obstinément suppléer à ceux que l'on a perdus, et que les entreprises du désespoir sont une espèce de jouissance. »

(Montesquieu).

17. Les *affections* diverses *des testicules* (voir plus loin) et leur diminution de volume sous l'influence de l'âge ou par arrêt de développement (rien d'absolu).

« A 75 ou 80 ans ces glandes n'ont plus que les 4/5 des dimensions qu'elles présentaient à l'époque de leur plus grande activité. »

« Chez un homme de 28 ans, bien constitué, cet appareil avait conservé les proportions qu'il nous offre chez un enfant d'un an ; les testicules, descendus dans les bourses et tous les deux sains, présentaient le volume d'une petite noisette et ne pesaient que 3 grammes. »

(SAPPEY).

18. L'*ectopie* ou absence dans les bourses d'un testicule *(monorchidie)* ou des deux testicules (cryptorchidie) ; ceux-ci restant dans l'abdomen, le canal inguinal ou le sillon cruro-scrotal... (la cryptorchidie est excessivement rare).

D'après l'examen des voies spermatiques (liquide du testicule, épididyme, canal déférent, vésicule séminale) chez l'homme et les animaux, on peut conclure :

1º Que lorsque les testicules ne descendent pas dans les bourses, le sperme ne contient pas d'animalcules spermatiques ;

2º Que les monorchides sont aptes à la fécondation ; mais ils sont redevables de cette faculté à celui de leurs testicules qu occupe les bourses.

3º Que les cryptorchides sont inféconds.

Chez les monorchides. on a remarqué que le testicule arrêté dans sa migration est à la fois moins volumineux et d'une consistance moins ferme que celui du côté opposé.

Enfin, chez les cryptorchides l'enveloppe scrotale fait défaut (atrophie musculaire). et chez les monorchides elle n'existe que du côté où le testicule est descendu. »

(SAPPEY).

19. L'*orchite ou épididymite double*. Le canal de l'épididyme étant obstrué de produits inflammatoires qui se résorbent lentement ou pas du tout ; il en résulte une stérilité définitive ou passagère (disparaissant au bout de quelques mois). Mais quand la circulation du sperme se rétablit, celui-ci peut être privé de spermatozoïdes pendant plusieurs années, et même pour toujours.

20. Les *sympexions* ou calculs des vésicules séminales, dont la consistance et le volume considérable oblitèrent le canal éjaculateur. « Poussés par la contraction expultrice de la vésicule séminale, ils pénètrent comprimés dans le canal éjaculateur qu'ils distendent. De là l'oblitération permanente de ce conduit et les symptômes douloureux de coliques spermatiques qui persistent jusqu'à l'évacuation spontanée ou provoquée des sympexions. »

« Les sympexions (concrétions) sont de formes variées et quelquefois si nombreux qu'ils se touchent et se soudent aux points de contact, de manière à former des masses comme perforées et aréolaires ; là, ils englobent quelques spermatozoïdes. Ils sont solides, mais friables, se brisant en éclats par la pression après s'être un peu aplatis ; leurs bords sont très-pâles, leur masse est homogène, ou quelquefois parsemée de granulations moléculaires grisâtres. Leur composition est azotée. Ils se distinguent facilement par leur homogénéité de ceux de la prostate qui offrent des lignes concentriques régulières et élégantes. »

(CH. ROBIN).

21. Le *phimosis* (rétrécissement de l'ouverture antérieure du prépuce, tel que le gland ne peut passer en avant) peut être une cause de stérilité, le prépuce formant un sac à sperme qui en empêche l'écoulement.

22. Les *rétrécissements de l'urèthre.*

23. « *L'agenesia disperma refluens* qui consiste dans le reflux de la liqueur spermatique vers les vésicules séminales et la pénétration de ce fluide dans la vessie, sans qu'il ait atteint l'extrémité du pénis, a été introduite dans la science sous l'autorité de Petit (Mém. de l'Acad. de chir., t. I., p. 124); la description qu'il en a donnée a été transcrite par Sauvages. Dans cette maladie, au moment du coït, il n'y a point d'émission de semence, et ce n'est qu'après l'acte, et lorsque les urines sont rendues, que le sperme est rejeté au dehors. Ce cas est assez commun chez les personnes qui ont subi de fréquentes blénnorrhagies, et qui, par cette circon-

stance, ont contracté quelque rétrécissement ou quelque induration portant sur le canal de l'urèthre ou bien qui ont le passage des urines embarrassé par l'accumulation d'un mucus concret. »

(GIRAUDEAU DE SAINT-GERVAIS).

24. La *syncope* du membre viril (voir plus loin : impuissance)... etc., etc., etc. »

« Borelli dit avoir connu un homme qui se frotta le membre viril de musc avant le coït; il l'exerça et resta uni à sa femme comme les chiens le sont à leurs femelles. Il fallut lui donner quantité de lavements afin de ramollir les parties et obtenir la séparation des deux individus. »

(GIRAUDEAU DE SAINT-GERVAIS).

25. « Les médecins disent : qu'un plaisir excessivement chauld, voluptueux et assidu, altère la semence et *empesche la conception*. Ils disent d'aultre part : qu'à une congression languissante, comme celle-là est de sa nature, pour la remplir d'une juste et fertile chaleur il s'y faut présenter rarement et à de notables intervalles. »

Quo rapiat sitiens Venus, interius que recondat. (VIRG.).

« Afin qu'elle saisisse plus avidement les dons de Vénus et les recèle profondément dans son sein. »

(MONTAIGNE).

26. *L'hermaphrodisme* (*Ermês*, Mercure, *Aphrodite*, Vénus) est presque toujours une cause de stérilité. L'individu bisexué ne peut se féconder lui-même, et d'ailleurs un de ses organes sexuels est généralement incomplet. L'hermaphrodite femelle est presque toujours stérile. L'hermaphrodite mâle (homme manqué) dont les testicules sont restés dans l'abdomen (n° 18) peut devenir puissant si les testicules sortent du ventre à la suite d'efforts, comme Amboise Paré le conte d'une jeune fille qui devint homme en sautant un fossé.

« Marie Germain, lequel tous les habitants de Vitry-le-François ont cogneu et veu filles jusques à l'aage de 22 ans. Il estoit à cette heure-là fort barbu et vieil et point marié. Faisant. dit-il, quelque effort en saultant, ses membres virils se produisirent ; et est encore en usage, entre les filles de là, une chanson par laquelle elles s'entradvertissent de ne faire point de grandes enjambées de peur de devenir garçon. »

(Montaigne).

« Ne voilà-t-il pas le cœur qui me démange de faire des hommes ! Hélas ! où est le temps où l'on faisait tout, seul? O Prométhée mon père, qui eûtes ce beau secret, et qui me donnâtes le jour sans avoir eu jamais besoin de fille ni de femme pour cela ! Pendant que vous allumiez mon corps au feu du soleil et que vous étiez si près des astres, il ne tint qu'à vous de tirer mon horoscope et d'y lire mon aventure, vous m'auriez laissé la recette d'une si commode génération. J'aurais bientôt du monde avec qui jaser et me désennuyer ici... Ah ah! gardez votre recette mon père, en voici une bien meilleur. Peste, la belle dame!... »

(PIRON).

27. Un mari, sa femme et un officier... de cosaques, se trouvaient un jour dans un wagon. La femme « dormait » dans un coin. Le mari méditait sur l'art d'être père sans pouvoir y arriver malgré quelque dix ans de méditation. — *Erat occasio fieri*, car, pensa-t-il, un officier de cosaques, *ad hoc semper est usûs.* Il plaisanta donc avec lui sur cette dame et bientôt se retira dans le compartiment voisin, *ut... etc., Paulô post, spe lœtus, ad hospitem suum redit.* (La dame dormait toujours). Eh bien? demanda-t-il à l'officier. — *Nil facilius, respondit miles, nil melius, sed (quod inter nos liceat dicere) cum his p...* nunquam somnio sine... (capote).

28. Un homme de cabinet reçoit un jour la visite d'une dame qui, que, dont, laquelle pendant qu'il a le dos tourné, attrape SPONGIAM *scriptorü, et in suum gurgitem vastum defigit, ne liberi nascerentur, obstructâ viâ uteri.* Puis tous deux continuent leur petit roman, et la femme s'esquive *post « consomma-*

matum est. » Le monsieur, atteint d'un léger scrupule, inspecte *suum aspergillum :* O ciel ! s'écrie-t-il, **nigrum est, venenatur !** Vite, il court chez un docteur qui l'examine avec curiosité et lui dit d'un air étonné : **Scribis-ne cum eo?**

29. Il est des femmes qui n'ont pas de « canal de réception » (ou qui n'ont qu'un simple cul-de-sac ou sphincter) (1). — Leur utérus débouche alors dans la vessie ou le *rectum* (2), et c'est par ce canal unique qu'ont lieu les poétiques mystères (3) de la fécondation et de l'accouchement (quand il a lieu).

(1) L'anneau d'Hans Carvel.

(2) L'arrière Vénus ou l'orchestre et le tuyau d'orgue de Balzac.

(3) *Id est* PÉDÉRASTIE. *Id faciunt ignari stulte devü per anum vel depravati qui non uxorem habent aut pueros habere non cupiunt.*

Sic (olim saltem) in carceribus, in navibus, in castris, in monasterüs, in valetudinariüs, etc. — Et hi qui ranam sterilem faciunt dicuntur « mignons. »

« Les *mignons* se font friser et achèvent la toilette la plus correcte : on leur arrache le poil des sourcils, on leur met les dents, on leur peint le visage, on passe un temps énorme à les habiller et à les parfumer. Ils partent pour se rendre dans la chambre de H. III. »

(CHATEAUBRIAND).

0. *Conjunctio cum animalibus, vel defunctis; succio... etc., etc.*

« Le pasteur Chratis estant tumbé en l'amour d'une chèvre, son bouc, ainsi qu'il dormait, lui veint, par jalousie, choçquer la teste, de la sienne, et la luy escraza. »

(MONTAIGNE).

« Un jeune religieux veillant une jeune fille qu'on croyait morte, la trouva encore belle et... Repassant au bout de dix mois, il apprit qu'elle avait été rendue à la vie et était accouchée. Il se déclara le père de l'enfant, et s'étant fait délier de ses vœux, il l'épousa. On conçoit que la catalepsie, l'ivresse, le narcotisme, expliquent de pareils faits, et dans l'anesthésie le relâchement qui se produit alors facilite la conception. »

(Dr DAVID RICHARD).

31. « *La stérilité et le célibat* étaient chez les Hébreux une sorte d'opprobre et une cause d'expulsion des assemblées du peuple. Chez les premiers chétiens, c'était une cause d'inaptitude aux charges publiques et aux fonctions de la magistrature. Les Romains allaient plus loin encore puisqu'ils n'acceptaient

point le témoignage de célibataires et qu'ils cou-
ronnaient solennellement les citoyens qui avaient
montré assez de vertu pour contracter plusieurs ma-
riages successifs. Les Spartiates leur interdisaient
le théâtre et avaient même institué une fête où les
célibataires étaient fouettés par des femmes sur la
place publique. En Allemagne, leur succession était
autrefois dévolue à l'État et dans les cités impériales,
de même qu'en Suisse, ils ne pouvaient exercer
aucune fonction publique. Dans le Maryland, ils
étaient soumis à un impôt spécial, et chez les Chinois
et les Hindous on regarde comme une honte de ne
point se marier. »

(MAYER).

---

32. *Nature des spermatozoïdes* : Le *sperme* est un
produit testiculaire — dont les matériaux sont four-
nis par le sang des artères spermatiques — dont
l'évolution s'achève dans l'épididyme et la vésicule
séminale (où il se conserve) et dont l'excrétion résulte d'une contraction de ces réservoirs à la suite
d'excitations mécaniques ou réflexes (pollutions) de
l'appareil sexuel en érection (congestionné et roidi).

« Pythagoras dict nostre semence estre l'écume de nostre meilleur sang ; Platon, l'escoulement de la moelle de l'espine du dos, ce qu'il argumente de ce que cet endroit se sent le premier de la lasseté de la besogne ; Alcméon, partie de la substance du cerveau ; et qu'il soit ainsi, dict-il, les yeux troublent à ceulx qui se travaillent oultre mesure à cet exercice ; Democritus, une substance extraicte de toute la masse corporelle ; Épicurus, extraicte de l'âme et du corps ; Aristote, un excrément tiré de l'aliment du sang, le dernier qui s'épand en nos membres ; aultres, du sang cuict et digéré par la chaleur des génitoires, ce qu'ils jugent de ce qu'aux extrêmes efforts on rend des gouttes de pur sang... » (Voir n° 10.)

(MONTAIGNE).

« Les mouvements en apparence spontanés des spermatozoïdes, l'action de l'électricité, des narcotiques, des acides, qui, en les frappant d'immobilité, semblent les priver de vie, avaient porté d'abord la plupart des observateurs, mais surtout Leeuvenhock et Spallanzani, à les considérer comme de véritables animalcules... Puis Ehrenberg les a rangés parmi les infusoires. Valentin crût voir dans les spermatozoïdes de l'ours un suçoir antérieur, un anus, des vésicules stomacales et même des circonvolutions intestinales ! Gerber leur accorde des organes de génération, et Pouchet les recouvre d'un feuillet épithelial ! »

(SAPPEY).

« Plantade publia une brochure dans laquelle il disait avoir vu l'animalcule spermatique se transformer : le ver prenait peu à peu une tête, des bras, des jambes, puis sa queue disparaissait, le ver arrivait enfin à la forme humaine. Ce qu'il y a de curieux c'est que les naturalistes prirent la plaisanterie au sérieux, et Buffon lui-même comme les autres, il trouve seulement que Dalempatius (Plantade) va trop loin : « Il a cru voir ce qu'il dit, mais il s'est trompé. »

(FLOURENS).

33. *La naissance et le développement des spermatozoïdes* montrent quelle est la nature de ces corps.

« Dans les organes génitaux mâles des plantes et des animaux se produit un *ovule mâle* de la même manière que naît l'ovule femelle dans l'ovaire ; leur structure est analogue. Arrivé à un certain degré de maturité, le vitellus de l'ovule mâle se segmente spontanément comme fait le vitellus de l'ovule femelle après la fécondation. Les sphères de fractionnement deviennent des *cellules embryonnaires mâles* de la même manière que se développent les cellules qui doivent constituer l'embryon dans l'ovule femelle. Seulement les cellules embryonnaires mâles une fois nées, au lieu de se souder ensemble et de devenir cohérentes comme les cellules embryonnaires femelles qui constituent ainsi l'embryon, restent distinctes les unes des autres ; de plus on voit leur forme changer peu à peu, et un point saillant qui s'allonge vient constituer leur cil ou queue chez les animaux, pendant que la masse de la cellule diminuant de volume, en constitue la tête... Ainsi, les spermatoïdes ne sont pas des animaux pas plus que les cellules épithéliales à cils vibratiles, ou que toute autre espèce d'élément anatomique, contractile ou non, faisant partie des tissus ou des humeurs d'un organisme quelconque. Ce sont des éléments anatomiques spéciaux, isolés, dérivant des cellules embryonnaires mâles. »

(Ch. Robin).

34. *Évolution des spermatozoïdes.* « Ils prennent naissance dans des cellules qui se détachent des conduits séminifères (testicules) pour flotter ensuite dans leur cavité, et qui, au début de leur formation ne semblent pas différer des cellules épithéliales, on les nomme *cellules spermatiques* ou *ovules mâles.* Leur volume diffère selon qu'elles sont plus ou moins avancées dans leur développement. Très-petites à leur apparition elles s'accroissent peu à peu et atteignent chez les mamifères, au terme de leur maturité, $0^{mm},06$. Les cellules spermatiques, ou ovules mâles, sont d'abord remplies d'innombrables granules, unis entre eux par une substance amorphe. Dans la première période de leur développement ils se composent donc d'un contenant : la *membrane vitelline*, et d'un contenu : le *vitellus*. Bientôt le vitellus se partage en deux globes d'égales dimensions, dont la périphérie se condense et ne tarde pas à prendre les caractères d'une membrane ; l'ovule mâle comprend alors une enveloppe commune : la

cellule mère, et deux cellules plus petites juxta-
posées, ou cellules embryonnaires : *cellules filles*. La
segmentation continuant, le nombre de cellules filles
s'élève de 2 à 4 à 8 et même au-delà. »

« Dans les cellules filles, on remarque un peu plus
tard une portion plus opaque, ovalaire : c'est la tête
du futur spermatozoïde ; puis une partie filiforme,
enroulée, adossée à la paroi de la cellule, et opaque
aussi, qui en formera la queue.

« Lorsque les cellules filles ont atteint leur complet
développement, elles se détruisent, et les spermatozoïdes deviennent libres dans la cellule mère. En
partie déroulés, on les voit se rapprocher, se juxta-
poser, et former un faisceau curviligne, dont toutes
les têtes se dirigent dans le même sens. Appliqué
contre les parois de la cellule, celui-ci continue à
s'accroître,. comme la cellule elle-même, laquelle
subissant à son tour une sorte de résorption finit
aussi par s'ouvrir et disparaître. Les spermatozoïdes,
dès lors, se séparent, achèvent de se dérouler, com-
mencent à se mouvoir, et bientôt s'agitent dans tous
les sens.

« Ainsi, l'évolution des ovules mâles comprend
cinq périodes : 1° Formation du vitellus; 2° Sa seg-

mentation ; 3° Naissance des spermatozoïdes ; 4° Leur réunion en un seul faisceau ; 5° Leur mise en liberté.

Les ovules mâles apparaissent dans les conduits séminifères de 15 à 18 ans, c'est-à-dire un peu après la puberté. On les trouve alors répandus en grand nombre dans ces conduits, où ils se montrent à toutes les périodes de leur évolution, les uns à l'état embryonnaire, les autres complètement développés. Dans le canal de l'épididyme, on n'observe le plus habituellement que des spermatozoïdes, isolés ou groupés en faisceaux. Dans le canal déférent leur isolement se complète ; ils se disposent en groupes irréguliers, mais ne possèdent encore que de faibles mouvements par suite de l'insuffisance et de la viscosité du liquide qui leur sert de véhicule. Ce n'est que dans les vésicules séminales qu'ils acquièrent toute la liberté et la vivacité de leurs mouvements. »

(SAPPEY).

Les *cellules spermatiques* du sperme éjaculé sont stériles puisque leurs spermatozoïdes n'ont pas évolué.

Paris. — Imp. Champon, 13, galerie Véro-Dodat.

9 782329 074832